每天10分钟冥想

放松身体、充沛精力、提升创造力

The Little Book of Meditation
10 Minutes a Day to More Relaxation,
Energy and Creativity

[英] 帕特里奇亚·科拉德（Patrizia Collard） 著

仁虚 译

电子工业出版社
Publishing House of Electronics Industry
北京·BEIJING

The little book of meditation: 10 minutes a day to more relaxation, energy and creativity by Dr.Patrizia Collard
ISBN: 9781841815770
Copyright:©2019, 2024 Text by Dr.Patrizia Collard, 2019, 2024 English edition by Octopus Publishing Group
This edition arranged with Octopus Publishing Group through Big Apple Agency, Inc., Labuan, Malaysia.
Simplified Chinese translation edition copyrights ©2024 by Publishing House of Electronics Industry Co., Ltd.
All rights reserved.

本书中文简体字版经由Octopus Publishing Group授权电子工业出版社独家出版发行。未经书面许可，不得以任何方式抄袭、复制或节录本书中的任何内容。

版权贸易合同登记号 图字：01-2024-4576

图书在版编目（CIP）数据

每天10分钟冥想：放松身体、充沛精力、提升创造力 /（英）帕特里奇亚·科拉德（Patrizia Collard）著；仁虚译. -- 北京：电子工业出版社, 2025. 1. -- ISBN 978-7-121-49197-9
Ⅰ. B84-49
中国国家版本馆CIP数据核字第2024HM0173号

责任编辑：刘　琳
印　　刷：北京瑞禾彩色印刷有限公司
装　　订：北京瑞禾彩色印刷有限公司
出版发行：电子工业出版社
　　　　　北京市海淀区万寿路173信箱　邮编：100036
开　　本：787×980　1/32　印张：3　字数：48千字
版　　次：2025年1月第1版
印　　次：2025年1月第1次印刷
定　　价：64.00元

凡所购买电子工业出版社图书有缺损问题，请向购买书店调换。若书店售缺，请与本社发行部联系，联系及邮购电话：（010）88254888，88258888。
质量投诉请发邮件至zlts@phei.com.cn，盗版侵权举报请发邮件至dbqq@phei.com.cn。
本书咨询联系方式：（010）88254199，sjb@phei.com.cn。

如果你的思绪不稳定,试着用心去思考。

总　　序
穿越生命的惊涛骇浪

"回首向来萧瑟处，也无风雨也无晴。"——苏轼

2015年8月31日，我濒死的记忆。

一杯咖啡、一块巧克力慕斯蛋糕，伴随着胃部剧烈的翻腾，我的呼吸竟然彻底地失控了！

我感觉自己快要死了，口头遗嘱、急诊、氧气面罩、24小时心率监控……那时的我绝对无法相信这些痛苦是为了把我带进正念冥想的殿堂。

急性焦虑症的一个典型症状就是惊恐发作。当遭遇危险时，最高级别的"风暴"就会引发铺天盖地的"海啸"。茫茫"荒野"令人手足无措，而我当时正身处其中。我在这片漫无边际的"荒野"中摸索了3年，直到遇见正念，昔日的痛苦烟消云散，我终于驯服这头失控的"野兽"。

我开始体验活在当下，感受阳光暖暖地洒在脸上；第一次"触摸"到自我的存在；渐渐地，我能清晰地看见我的各种"偏见"，我耐心地解开一道道枷锁，重获自由和力量！那种感觉，就好像站在高山之巅，一切尽收眼底，你看见了自己的限制，自己的潜能，然后，尽情释放！

2018年，我开始把正念导入职场，帮助企业精英提升自我管理和效率。2020年，我辞去奋斗了15年的人力资源工作，开设了正思维工作室，全心全意奔赴正念导师的生涯。5年来，我与无数人一起工作，亲眼见证了他们从正念冥想中的蜕变和升华，他们说："我工作中的困惑可以通过正念来解决。"（某豪华酒店总裁）"通过正念练习，我第一次感觉到了安全感！"（世界500强企业项目负责

人)"我找到了对治分神和失眠的有效方法。"(世界500强企业项目经理)"同事的抱怨少了、笑容多了,我感受到满满的正能量。"(世界500强企业项目主管)"放空、放松,我感觉脑子转得快了,能量直往身体里面钻。"(某民企董事长)"今天吃的这颗葡萄干是我这一生吃到的最美味的葡萄干。"(某科技公司部门主管)"我发现我长这么大才开始学会走路!"(某企业人力资源部经理)当我越深入做企业项目和个案辅导时,越深刻地发现:正念,是每个人的必修课!它能帮助我们在面对情绪风暴的时候,找到那个平静安定的"暴风眼",让你看破焦虑和抑郁背后的谎言。它能带给你冷静、专注和"心流"状态,让你体验激光般的聚焦所带来的效率和创造力。它能融化你内心的坚冰,还你温暖和幸福。

正念,作为一种存在之道,或者作为一种智慧的生活方式,能够在我生命的至暗时刻,帮你找到锚点,重建希望,看见光明,激发潜能。

在这个多变、动荡、复杂、模糊的时代(VUCA),如果你想重新找回掌控感、平静、力量和勇气,这套袖珍手册就是向导和方法。

愿你能触及正念,于所在之处,找到勇气、爱与自由。

致以美好的祝福!

廉慧红　正思维企业管理顾问有限公司　首席正念导师
仁　虚　正思维企业管理顾问有限公司　首席正念顾问

扫码添加世纪波小书童企业微信，加入正念社群，与我们一起实践正念，幸福生活。

本书译者

仁 虚

斯里兰卡佩拉德尼亚大学哲学博士,中国江苏佛学院慈恩学院讲师,中国江苏无锡灵山祥符禅寺后堂。

美国麻省正念中心MBSR正念减压合格师资,英国牛津正念中心受训正念认知疗法教师,英国牛津正念中心受训正念认知生活教师,美国CMSC静观自我关怀中心MSC正式师资,正念冥想教师认证项目(MMTCP)认证师资,美国正念导师培训(MMT)师资。钻石途径亚洲学员(Diamond Approach Asia)元幸福·幸福力课程导师。

《觉知的力量》《当下的力量》网络课程答疑导师。

目　　录

引言 1

减轻压力，强化你的免疫系统 15

获得勇气和自信 23

让你的头脑清晰 39

接受、放手、改变 51

与世界及众生和谐相处 61

生命的探险：创造力与专注力 69

结尾 83

引　言

冥想到底是什么

冥想是心灵和身体的良药。练习冥想可以帮助我们抚平躁动的心灵——焦躁不安在21世纪是如此司空见惯。当我们处理待办事项、应对信息轰炸以及度过紧张的工作日时，我们的大脑一直在超负荷地运转。即使只有片刻，也很难找到平静，很难让我们不断运转的思绪停下来。但是，只要稍加练习冥想，我们就可以学会放下思绪，让自己完全放松。

这本小书向你介绍了来自不同精神传统的，以及由压力管理专家特别开发的各种冥想形式。它们的共同点是将帮助你积极地意识到每个时刻，并活在当下。尝试一下，每天花几分钟时间让自己的内心平静下来。

5分钟练习

一个可以让你放松和满足的地方

在安静的地方，舒适地坐下，用毯子将自己包裹起来，轻闭双眼，让面部的肌肉放松。放松颈部、肩膀以及任何紧绷部位。

此刻，专注于你的呼吸，开始进行缓慢而深长的呼吸。每一次吸气，你都会吸入新鲜的氧气，精力充沛；每一次呼气，你都会感觉更轻松、更自在。现在，想象你正待在一个让你感到放松和满足的地方。

这里有几点建议：

- 一个舒适的房间，壁炉里燃烧着木柴。
- 沙滩、棕榈树和蔚蓝的大海。
- 种满了奇妙的植物和鲜花的花园。
- 一片安静祥和的森林，里面有蕨类植物、苔藓和动物。

1. 想象自己在这个地方逗留片刻，你非常满足，感到安全和平静。先让你的注意力游走于周围的景象，捕捉那些吸引你目光的细节。观察它们的颜色——或许你最爱的颜色就在其中。

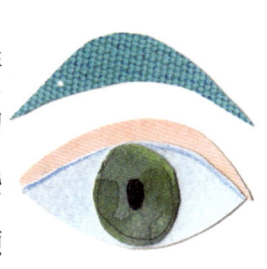

2. 现在，留意周围的声音。仔细聆听，你能听到什么？是风声、鸟鸣还是其他动物的叫声？抑或是你自己的脚步声？

3. 再次用鼻子深吸一口气，去探索这个地方的气味，沉醉于各种香气之中。有没有一种香气特别吸引你，让你感到着迷或愉悦？

4. 如果你靠近海边，空气中是否弥漫着海水的咸味？你的舌尖能尝到什么？也许你摘了浆果咬了一口。

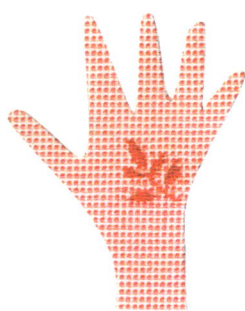

5. 现在，在你最喜欢并且放松的地方触摸一些东西。拿起它，感受它的形状、大小、重量以及它表面的质感——是粗糙的还是光滑的？是冰冷的还是温暖的？是柔软的还是坚硬的？

现在，你已经用你的所有感官将自己固定在这个地方。再深呼吸几次，充分感受当下的一切。当你在这里感到更加放松和满足时，不妨平时也多练习几次，这样在困难情况下就能更容易地回到放松状态：只需回想起这个特别的地方，身体就会自动放松。你练习得越多，就会越快养成习惯。坚持每天练习，一个月后，你将塑造出一条新的神经通路，它将成为你通往放松状态的快捷通道。

冥想的效果

如今，越来越多的人练习和欣赏冥想，科学界也认识到了它的潜力，并开始深入研究。在社会神经科学领域工作的研究人员，如神经学家塔尼亚·辛格教授，一直在研究冥想对身体、大脑和我们体验生活的方式的影响。

磁共振成像（Magnetic Resonance Imaging，MRI）扫描显示，那些经常练习正念冥想的人，其大脑结构出现了显著变化，特别是那些与创造力、短期记忆、决策、共情以及自我同情相关的大脑区域，其密度得到了显著提升。与此同时，这些冥想者通常展现出较低的压力水平，产生肾上腺素或皮质醇的可能性较小。这两种应对压力的化学物质在你需要远离危险（如遭遇抢劫犯）时是有帮助的。而当你需要清晰思考和创造性思维以识别机遇、解决问题或克服挑战的时候，这两种化学物质就显得不那么有用了。

冥想培养了一种富有创造力和想象力的心态，它帮助我们变得更加善解人意、更亲切、更有耐心和共情力。如果世界上每个八岁的孩子都学习冥想，那么我们将很有可能在一代人的时间内消除世界上的暴力行为。

冥想的益处远不止于让心灵平静，它还被发现能够强化我们的免疫系统，加速我们从一些疾病中恢复的速度。这些疾病包括牛皮癣、慢性疼痛，甚至某些类型的癌症。此外，冥想有助于降低血压，改善睡眠质量。并且有迹象表明，冥想能够延缓大脑的衰老。更重要的是，练习冥想的人往往会形成更长的端粒。根据最新的研究，这些特定的DNA片段对于维持我们的健康和延缓衰老至关重要。

神经科学家们还发现了冥想——特别是运用心理意象的冥想——对心理障碍有治疗作用。研究表明，有意识的视觉化能够触发大脑的特定区域，产生与真实体验几乎没有分别的反应。例如，反复在心中模拟那些可能引起焦虑的场景，如考试、工作面试或其他重要事件，大脑的活动模式就会与实际经历时非常相似。

我们可以让大脑对这种情境感到不那么焦虑。就好像大脑已经"经历过"这种情况很多次了，即使这个事件只是被想象出来的。

在与哈佛大学神经科学家赫伯特·本森教授的合作中，塔尼亚·辛格得出结论：大脑"认为"想象与真实事件的实际记忆具有相似的地位。如果一个人想象出诸如内心平静、与自己和谐相处、满足和爱等愿景，那么这些相同的愿景迟早会在现实生活中得以实现。值得强调的是，为了达到这些效果，你需要定期进行冥想。

虽然人们普遍认为冥想是一件好事，但很少有人真正理解如何将冥想融入自己的生活，以及它能给我们带来哪些改善生活的绝佳机会。例如，我们可以学会屏蔽无益的想法，偶尔体验绝对的宁静，扩展我们的意识，或者只是放松我们的身体和心灵。

冥想是如何传入西方的

1911年,赫尔曼·黑塞前往锡兰(如今的斯里兰卡)旅行。1922年,他以此次经历为灵感完成了《悉达多》一书,讲述了历史人物悉达多·乔达摩(后来被称为佛陀)的生平故事。这本书是20世纪西方最受欢迎的作品之一。黑塞与许多人一起唤起了西方人对东方智慧和冥想日益增长的兴趣。

麦当娜练习冥想,休·杰克曼、克林特·伊斯特伍德、妮可·基德曼、斯汀和保罗·麦卡特尼也练习冥想。对于我来说,影响最大的是披头士乐队,我十岁时曾把他们的歌词翻译成我的母语德语,因为我觉得他们太棒了。这是我第一次间接地接触冥想。

在20世纪60年代,许多人前往印度朝圣,并跟随马哈希大师学习瑜伽和超觉静坐(Transcendental Meditation,TM)。这位导师曾在威尔士北部的班戈举办过研讨会，披头士乐队也参加了。我的偶像乔治·哈里森在练习冥想后达到了创作的巅峰，他写了48首歌曲！

到了80年代中期，我在英国威尔士班戈大学获得了第一个学术职位。20年后，班戈大学成了正念冥想的中心，正念冥想是科学家迄今为止研究得最深入的一种冥想形式。如今，冥想成为许多人在危急时刻的救命稻草。正是在这个美妙的地方，我也接受了冥想教师的培训。

在本书的六章中，我将向大家介绍多种冥想方法，帮助大家找到能让自己的"当下"变得更加平静、健康和充实的方法。如果你尝试这些方法并反复练习，你的生活就可以更加远离恐惧、压力、愤怒和无聊。你将更好地专注于生命中对你真正重要的事情。

练习冥想的方法有数百种。在这本书中，我努力挑选那些你可以轻松融入日常生活的冥想方法。最近发表的一项研究表明，每天只需10分钟的冥想就可以带来真正的改变。

冥想有哪些形式

冥想的实践是一门包含多种技术的综合艺术，既有主动参与的，又有被动体验的。它包括了静默冥想、正念冥想、动态冥想（如舞蹈冥想）以及视觉化和吟诵等多种形式。在接下来的内容中，我们将一起练习其中的一些。

冥想涵盖的范围很广。在我自己的实践和本书中，我也使用了与冥想有关的放松、自我肯定和想象的技巧。冥想通常涉及一种或多种感官，并可能使用图像、语言、声音、味觉和气味。

如何及何时冥想

这里描述的许多练习几乎可以在任何时间、任何地点进行：当你外出时、排队或堵车时（前提是你不是司机）、想要休息片刻或感到压力过大时。

我也选择了一些需要更多时间和空间的冥想练习。

无论你是喜欢在黎明时分冥想，还是在傍晚或下午某个时候进行冥想以补充精力，为自己的冥想设置一个专门的空间都

是非常有用的。它不一定要占用整个房间，只要是一个安静的地方（如一张舒适的扶手椅），让你的潜意识将它视为一个安全和受保护的地方即可。定期回到这个地方，你会被唤起习惯性的联想。

你可以使用一条特殊的披肩或舒适的毯子，或许还可以添加一个贝壳、一盆漂亮的植物、一个小型的室内喷泉、一支蜡烛或其他一些象征性的物品，让这个特别的地方成为一处宁静平和的地方。你应该在这里感到完全舒适，确保你不会感到寒冷。你可以让别人知道，比如在门上贴个牌子，说你暂时不想被打扰。在开始冥想之前，记得关掉手机。

如果可能的话，每天安排一个固定的时间段进行冥想练习，至少在最初的三周要这么做（最好能更长时间），把它写在你的日历上。什么时候冥想以及冥想多长时间由你决定。

试一试，看看哪种方法最适合你。同样，我建议的某些冥想词汇也适用于此原则：选择适合你自己的词汇，确保练习能够满足你的特殊需求。毕竟，你最了解你自己。

我建议你写一本冥想日记，把对你重要的事情写在上面。它可以陪伴你度过这段旅程，也会帮助你记住所学到的东西。当我们把想法写下来时，它们就会进入我们的意识层面，因为"书写"需要我们在多个层面上同时运作：我们在看，我们在思考，我们在触摸笔和纸。你还可以使用不同颜色或添加有意义的图像或符号。

给自己买一本漂亮的笔记本，它的存在就已经很令人感到鼓舞了。给每天的日记标上日期——当你以后重读这些日记或快速翻阅页面时，可能会觉得很有趣。你的日记将展示冥想如何改变了你，并鼓励你继续改变生活。写下持续存在的负面想法也有助于释放压力，然后你可以让这些想法留在日记的页面上，直到你决定解决它们。写日记本身就是一种冥想练习。

祝愿你们在这次奇妙的旅程中
获得极大的快乐和喜悦。

减轻压力,强化你的免疫系统

工作堆积如山,新挑战层出不穷,睡觉成了奢侈品,放松时间几乎为零。如果你对这些情况感到似曾相识,那么你可能已经体验到了那种不堪重负、自我怀疑,甚至生病的感觉了。本章为你准备了一些实用的练习,它们将是你应对这些压力的得力助手,帮助你增强身心的抵抗力,让你重新焕发活力。

 ## 自我肯定

请你默念以下这段话：

我每天都为自己创造一些独处的空间。在这些时刻，我只活在当下，尽情地感受生活中所有奇妙的、善良的和美好的事物，并将它们分享给其他人。

如果你愿意，可以在这种自我肯定中说出那些能给你带来快乐的事物，比如太阳、蓝天、大海……

5分钟练习
呼吸空间

在这个简短的练习结束后,你可能会觉得比之前更有力量、更放松。想象一下,那些让你心烦的事情就像沙子一样,慢慢地从沙漏的上端流到下端,然后就静静地待在那里,不再打扰你。

1. 想象一个沙漏,上半部分装满了你现在心里想的、感觉到的或者你注意到的所有东西——就是那些让你有点痛苦的事情。把这些事情在脑子里过一遍,大约用1分钟或者5~10次呼吸的时间。看看它们,不管它们是什么。用你所有的感官去感受它们在当下这一刻的样子。

2. 然后,想象沙漏的狭窄颈部,它象征着你尽可能地放下所有想法,只专注于呼吸。缓慢而平静地呼吸10次,试着让任何想法都简单地过去。

3. 当你觉得自己已经平静下来时，想象沙漏底部三分之一的部分，这是基础和力量的中心。当你看着它时，要意识到你的脚，让自己感到脚踏实地。想象自己像树一样，扎根在土里，或者想象自己是座山，或者是只熊——任何你觉得最能代表力量和坚韧的东西都可以。

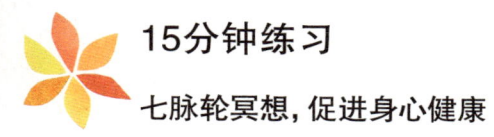

15分钟练习

七脉轮冥想,促进身心健康

"脉轮"一词源于古印度语中的梵文,主要出现在神圣和指导性的著作中。"脉轮"的意思是"轮"或"漩涡"。在瑜伽的理论中,我们的身体里藏着七个这样的能量点。第一个脉轮是根脉轮,位于脊椎的底部,也就是尾骨的位置;最后一个脉轮是顶脉轮,位于我们的头顶。每个脉轮都对应着一种颜色:从根脉轮的红色,到腹脉轮的橙色,太阳神经丛脉轮的黄色,心脉轮的绿色,喉脉轮的蓝色,眉心脉轮的靛蓝色,一直到顶脉轮的紫色。当这些脉轮都达到平衡状态时,我们的身体和心灵就会处于健康和谐的状态。

1. 找到你最舒适的坐姿,轻轻闭上眼睛:将注意力集中在你的尾骨上,那里是根脉轮所在的位置。在接下来的5~10次呼吸中,想象一个向前凸起的漏斗,一个旋转着、散发着红色光芒的能量团。这是一种温暖而治愈的力量。根脉轮与我们的生存本能、活力、耐心、勇气以及物质安全感息息相关，它强化了我们与大地的联系。如果根脉轮的能量不平衡，就可能会导致脚、膝盖、骨盆或后背的问题。

2. 当你感觉根脉轮已经充分吸收了能量时，就可以在心中关闭这个漏斗，然后将注意力转移到腹脉轮。想象一个漏斗在你的下腹部前方打开，这次它吸收的是橙色的治愈能量。继续呼吸，直到你觉得腹脉轮也充满能量。我建议至少进行5~10次呼吸。腹脉轮与我们的性能量、创造力、新思想、激情和耐力有关。如果腹脉轮能量不足，这些特质可能难以发挥作用，下腹部的器官（如肾脏、卵巢和前列腺）也可能受到影响。当你感到一切就绪时，就在心中关闭这个漏斗。

3. 现在按照同样的方式继续进行第三脉轮——太阳神经丛脉轮的练习。它位于胸腔正下方，能给你一种自我认同感。它能培养自信、内在力量、幽默感、即兴发挥和性格中的温暖特质。当这个脉轮失衡时，你可能会出现消化系统、肝脏或胆囊方面的问题。再次想象一个向前凸起的漏斗，当你呼吸时，吸收旋转的黄色能量，直到你感到一种舒适感，然后关闭漏斗。

4. 接下来，想象心脉轮位于胸腔的正中央。这是你的自我和存在的中心。通过心脉轮，我们感受到同情，并传播爱和慈悲，我们可以原谅他人和自己。如果心脉轮失衡，心脏和肺部就可能受到影响。同样，在这里打开一个向前凸起的漏斗，吸入绿色能量，直到你在这个区域再次感到舒适。

5. 接下来是喉脉轮，它帮助我们表达真实的自我和所坚持的东西。健康的喉脉轮有助于我们与他人良好沟通，建立与他人的桥梁。当它空虚时，你可能会出现喉咙、口腔或甲状腺方面的问题。在这里，你可以通过向前凸起的漏斗吸入蓝色能量。

6. 接下来我们充实眉心脉轮，它位于你的额头中央，在双眉之间。眉心脉轮与直觉、自我认知和洞察力有关。当它失去平衡时，眼睛、鼻子、耳朵和中枢神经系统可能会受到影响。再次想象一个漏斗，吸入靛蓝色的能量，直到你感到良好和满足。

7. 我们以顶脉轮结束，它位于头顶上方。它能激活我们大脑的许多功能，培养积极思考能力和创新精神，并让我们与灵性和人性保持联结。当它失去平衡时，你可能会头痛和逻辑混乱。此时，想象一个漏斗向上指向天空，吸入紫色能量，直到你感到完全平衡和宁静。你永远不会完全关闭这个漏斗，而是通过一条"银色光束"永久地将顶脉轮与宇宙相连。

我强烈推荐你花点时间做这个冥想练习，它能平衡你的整个身心，给你带来深远的宁静。

获得勇气和自信

我们常常感受到一种无形的压力,要不断证明自己的能力和独立性。但若我们能够领悟到,每个人都是生命大图景中的一小部分,那么我们的世界观会不会因此而变得更加简单和清晰?我们所能贡献给这个世界的,正是我们独特的个人才能。

 自我肯定

请你默念以下这段话：

今天，我选择以一种温柔的眼光去审视自己的"伤口和伤疤"。它们是生命旅途中的见证，提醒我即便是最崎岖的道路也能带来宝贵的经历。我会细心观察，发现那些在现在、过去乃至将来都充满启发性的美好事物。

5分钟练习
自我关怀小休

你是否想到了生活中让你感到不安或烦躁的困难?请不要试图把它压抑下去,而是勇敢地接受它的存在。它就是这样:可能是与亲近的人之间的一次争执,或许是失去了宝贵的东西,抑或是经历了某种痛苦。无论它是什么,都接纳它的存在。

利用触摸带来的平静力量,给自己一个拥抱。

- 将一只手放在胸口,另一只手放在腹部,或者将双手放在脸颊上,捧着脸颊。尽你所能全神贯注地关注自己。

- 意识到自己在这个时刻正在经历痛苦或恐惧。用你内心的声音对自己说:"很痛"或"哎呀",以此表达你此刻情况不好并且你正抱持着自己能获得勇气和力量的信念。

- 接下来,记住每个人都会经历痛苦、恐惧、感到无能为力或疼痛的时刻。告诉自己:"我不孤独""我不是唯一有问题的人,这些都是人生的一部分。"

- 最后,对自己轻声说出一些充满爱意、振奋人心的短语:"愿我能感到安全和安心""愿我能感到勇敢和强大""愿我能感到平静和释然",或者一些词语:"内心平静""安全""放松""满足"等。

几分钟后,你肯定会感到内心更加平静。

5～10分钟练习
动态冥想

当我们对自己不满、感到力不从心时,我们的身体会分泌出某些化学物质——当外部触发因素(如一只具有攻击性的狗向我们冲过来)使我们感到恐惧或愤怒时,也会释放出同样的化学物质。身体似乎无法区分由自我批评、羞愧感引起的消极情绪和由外部压力引起的消极情绪。

当这些化学物质(尤其是肾上腺素和皮质醇)在我们体内频繁释放时,我们就会越来越受到忧郁情绪的困扰,身体也会变得更加迟缓和紧张。每当我们贬低自己时,都需要用爱和慈悲来安慰自己。

简单的动态冥想可以产生神奇的效果。

第一部分：放松颈部和肩部

1. 站直，双脚与髋同宽，双腿并排站立。吸气时，慢慢地将双臂举高，让手臂在头顶上方，手指指向天空。

2. 呼气时，将双臂放回起始位置，自然地垂在身体两侧。

3. 请重复这个动作至少3次，最好更多次。如果你无法将手臂举过头顶也没关系，请尽量举高，直到感觉舒适为止。

4. 让双臂自然垂于身体两侧，做一些轻柔的颈部运动。下巴应与地面平行，面部肌肉尽可能放松。现在慢慢吸气，保持下巴与地面平行，将下巴和颈部转向右侧——尽量不要引起不适。在呼气时让它们恢复到中心位置，然后在下一次吸气时转向左侧。

在每个方向重复以上动作3~5次。你可能会注意到你的颈部感觉稍微放松一些了，每次转动时可以转得幅度更大一些。这是理想情况，实际可能会这样，也可能不会这样，具体取决于你的情况，请听从你内心的智慧之声。

确保你在整个练习过程中保持正常呼吸，不要屏息。

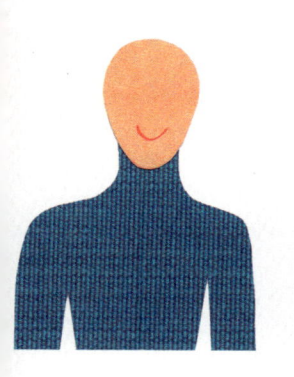

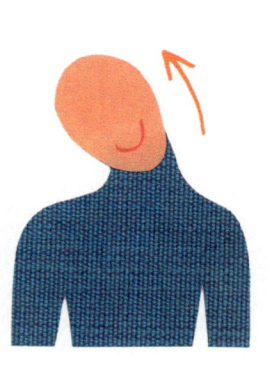

第二部分: 身体拍打

1. 如果方便的话，请先用右手，从肩膀向下按摩左臂：你可以用中空的拳头或手掌的平侧轻轻地按摩和拍打左臂的内侧和外侧。重复这个按摩，从上到下至少3次。然后以同样的方式用左手按摩右臂。

2. 现在释放你上身的紧张感：从锁骨开始轻轻拍打，然后是胸腔、胃部和臀部，如果你能轻松触及的话，最好一直拍打到下背部。

3. 现在轮到你的左腿，拍打它，以放松前侧和后侧，尽可能向下扩大拍打的范围。如果你愿意，也可以在坐着的时候做这个动作，然后再开始按摩右腿。

4. 最后，用你的指尖轻轻地按摩和拍打你的脸部和头顶。这种感觉就像是温柔的雨滴落在你身上。

当然，你可以选择只按摩那些你能轻松触及的部位，以及按摩后感觉放松得最明显的部位。

探索让你的"现在"更加平和、健康和充实的方法。

想象力练习：我能做到！

你是否在即将参加一场重要的演讲、面试、会议或考试时会担心自己表现不佳？这个想象力练习能帮你在保持冷静的同时，呈现最佳状态。它适用于任何你希望给人留下深刻印象的场合。不过，记得要连续练习7次，最好是在担心现出之前就开始练习。

这个练习在竞技运动员中也非常流行，比如他们可能会在脑海中想象自己参加100米短跑，并精确地在目标时间内冲过终点线。他们会在心中描绘一个巨大的时钟，上面清晰地显示着他们的目标时间。

在下面这些指导中，我将使用演讲作为例子。你可以用你自己的具体情况来替换这些细节。

1. 坐直身体，闭上眼睛，感受一下你的身体是如何与你所坐的表面相连接的。同时，也感受一下你的双脚是如何牢固地与地板相连的。

2. 现在将目光向上和向内收起，但不要睁开眼睛，就好像你在试图观察自己的大脑一样。即使这似乎很费力，也请保持这个姿势3秒钟，然后让眼睛回到原来的位置（保持闭眼）。

3. 在下一次呼气时，请注意，你会感到越来越放松。在你的想象中，轻拍你的额头、面颊和整个脸部，从上到下。随着下一次呼气，让自己变得更加放松。你的整个头部和脸部现在感觉更轻了。每次呼气时，你都会更加深入地放松。

4. 现在转到颈部与脊椎。想象一下，你正开始缓慢地拍打和放松身体的这些部位——从颈部到尾骨的全部24节。随着你的每一次呼气，逐渐放松，深入感受放松的愉悦。

5. 现在，请把你的觉察带到上半身的正面：放松你的肩膀、胸腔、锁骨、腹部肌肉、臀部肌肉，让你所有的肌肉都松弛下来。记住，你可以更深入地呼吸，让呼吸更轻松。

6. 现在，从肩膀开始，让你的手臂和手也放松下来。然后，将你的注意力转移到腿部，放松你的大腿、小腿、双脚和脚趾。同时，感受你的双脚稳固地踏在地面上，为你提供支持和平衡。

7. 继续闭上你的眼睛，想象自己坐在一个电影院里，前面是一个巨大的蓝色屏幕。电影现在开始在这块屏幕上播放：你看到自己，穿着你为重要日子挑选的服装，你还可以看到自己是如何打理头发的。

8. 现在你打开了会议室的门,看到一张桌子,你的听众围坐在周围,或者你面前有一个讲台,你自信地走向讲台。你在便笺上写了几个关键词,或者在笔记本电脑上准备了一些幻灯片。一切都准备好了,需要做的就是开始。

9. 现在你听到了演讲的开头……然后是结尾。也许还会有人问你一些问题,这些人你可能认识也可能不认识。你感觉自己能够冷静而清晰地回答这些问题。你可能偶尔也会说:"我需要考虑一下。""我现在没有答案,我会在接下来的几天内给你答复。"这只会让你显得更加真实。没有人能够每次都百分之百地回答所有的问题。即使偶尔出现失误也没关系,用幽默的态度去面对它,并轻轻地微笑。

10. 看着自己离开房间,结束这个练习。

这种内部影像是一种完美的准备方式。你观看它的次数越多,你的大脑就越能记住"一切都很顺利"。

5分钟练习
蜡烛冥想

这种简单但非常有效的冥想练习有利于给我们带来内心的宁静，让我们摆脱恐惧。

1. 坐在桌子旁，点燃蜡烛。有意识地呼吸，注意呼吸要比平时稍微深点。

2. 专注于蜡烛的火焰，想象它的光芒流入你的体内，成为你生命的一部分。你开始感受到体内的温暖，从头到脚逐渐放松下来。

3. 现在请轻轻闭上双眼，继续想象蜡烛火焰闪烁的光芒。将这光芒和你体内令人安心的温暖慢慢地、深深地吸收，直到你感觉自己与这光芒融为一体。这治愈、抚慰的光芒照耀着你，也照耀着你的身体。

4. 当你感到内心的一切都已平静下来，任何令人烦恼的想法和不愉快的感觉都已被推到了你的意识后面时，再次将注意力集中在呼吸上，并留意双脚稳稳地扎根于地面。再稍坐片刻，跟随你的呼吸，缓缓睁开眼睛。
5. 伸展一下身体，按摩一下脸部，最后吹灭蜡烛。

让你的头脑清晰

如果我们的思绪不停地飘忽不定,我们就无法获得内心的平静。这时,冥想就可以帮助我们,尤其是下面这些练习。

自我肯定

请你默念以下这段话:

我对自己许下承诺,无论心情如何,都要坚持定期冥想,这个承诺本身将帮助我放下阴暗的想法和感受。我有一个想象中的盒子,我可以把所有不愉快的想法都放进去。在我仔细审视它之后,我会调动内心的力量,让这个盒子,连同里面所有的负担,逐渐变小,最终消失不见。

10分钟练习
想法不一定是真实的

我邀请你去冥想的地方,舒适地坐下。

如果今天的天气带有一丝凉意,不妨准备一条披肩或毯子。你也可以选择一件特别的道具,用来提醒你来到这个地方的目的。

1. 把注意力集中在身体与扶手椅或地板接触的部分:背部、臀部以及放在膝盖上或放在大腿上的双手。

2. 尽量放松面部肌肉和肩膀。如果闭上眼睛感觉不错,就闭上眼睛;如果半睁着眼睛更舒服,就保持半睁着的状态,不要聚焦在任何事物上。

3. 要非常注意自己的呼吸。你会注意到每一次呼吸都是一个独立的单位,有的长,有的短,有的深,有的浅。随着时间的推移,你会注意到每次吸气和呼气之间都有一个短暂的停顿,然后再开始下一次呼吸。跟随你的呼吸,直到你感到一种平静。

4. 现在把注意力放在你的身体上。有没有感到身体的任何部位有强烈的感觉？如果你注意到紧张或疼痛的区域，你可以试着将呼吸带到这些区域，在每次呼气时尽可能地释放任何紧张感。

5. 现在有意识地观察一下你的想法，尤其是那些引发不愉快感受和身体感觉的想法。记住，这样做的目的是识别那些压迫你、有时会让你陷入黑暗深渊的思维模式。如果你能成功地识别出一种模式，那么你可以在冥想结束后在日记中记下它。在这里你不要试图以某种神奇的方式改变这些想法，你的态度应该是充满兴趣，同时保持一定的距离，以确保你不会被可能冒出来的汹涌思潮所淹没。

冥想练习者有一种技巧，可以让他们看到自己的想法但不受其控制：他们给想法起一个名字，这样就可以保持必要的距离。当然可以是消极的、中性的或积极的，但无论它们属于哪个类别，在这个冥想练习中，你都只需要短暂地观察它们并给它们起一个名字。

有些人觉得下面的意象很有用：

- 把想法看作天上的云。你可以看到这些云上写着你的思维模式的标签："忧郁的想法""自我批评的想法""世界末日的想法""白日梦""购物清单"等。

- 你站在桥上，俯瞰一条小河，河里漂浮着五彩缤纷的树叶。你可以看到你的一些想法写在树叶上。你可以阅读并记录它们，但树叶很快就消失在桥下了。

- 你站在站台上，一列火车疾驰而过。你可以看到每节车厢上都写着你的一个想法。你明白它们所暗示的内容，但让这些想法简单地从你身边经过。

通过反复做这个冥想练习，你会明白想法并不一定总是真实或重要的，并且你可以决定在冥想结束后，你要把注意力完全集中在哪些想法上。

5～10分钟练习

山冥想（观想）

在一个安静的地方，铺上毯子，放一两个垫子，坐在地上。你可以盘腿坐，或者背靠墙，膝盖弯曲。你也可以选择坐在椅子上，保持背部挺直。

1. 想象你所知道的最美丽、最令人敬畏的山，或者尽你所能去想象一座山。这座山有一个尖顶或圆顶，有斜坡和基座。

2. 现在尝试将这个形象投射到自己身上：你的头变成山顶，你的肩膀和手臂变成斜坡，你的臀部和腿变成这座雄伟山峰的基座。

3. 现在想象这座山在一个温和的春日里，鸟儿在飞翔，小昆虫在空中嗡嗡作响，周围的乔木和灌木以及山坡上的其他植物都开始长出新叶。万物欣欣向荣，空气中弥漫着丁香花的香味，微风吹拂。

   这座山雄伟庄严地矗立在这美妙的喧嚣之中，它一动不动，仿佛在守望着这一切。

4. 现在，在你的脑海中，将季节切换成炎热的夏日。天空是蓝色的，太阳正处于正午时分。

空气沉重而压抑，你看到空中飞舞的蝴蝶，在寻找花蜜的蜜蜂，以及在山坡上四处奔跑的小动物。彩虹的所有颜色都以花朵或树叶的形象聚集在你周围。许多不同色调的绿色特别显眼：落叶树和常绿树，草本植物和蕨类植物。

这座山再一次显得宁静而庄严。它岿然不动，像哨兵那样，几千年来一直守护着自然界。

现在请让这个场景逐渐淡出背景,然后想象一个刮风下雨的秋天的场景。

天空被灰色的云朵覆盖,风在山间呼啸。所有的生物似乎都躲藏了起来。五彩缤纷的秋叶——绿的、黄的、红的、棕的、橙的——在空中飞舞。树枝和较高的灌木丛跳起了狂野的秋之舞,很快雨点从四面八方落下。

即便在这狂野的时刻,山依旧巍然屹立,深深扎根于大地母亲的岩石之中。

5. 最后一个场景，请想象一下冬夜的巍峨山峰。一轮满月在云层间熠熠生辉，雪花飘落，每一片都是独一无二、完美无瑕的。渐渐地，光秃秃的乔木和灌木上落满了白色的雪花，有些树枝开始在落雪的重压下弯曲。你可以感受到和闻到寒冷的气息。

在这冰冷的夜里，这座山的景象十分壮观。它的一切是如此宁静而坚固。它早已习惯了季节的变化，也将随着季节的变化继续陪伴着我们，甚至永远如此。

你也经历过情绪的起伏变化，如果你能接受内心深处的一切都是来去无常的，那么一切都会变得容易承受，你也会意识到自己的内在力量。

有效的冥想有助于让我们内心平静，
帮助我们摆脱恐惧。

接受、放手、改变

我们无法通过抗争来改变一切事物。冥想帮助我们接受事物的本来面目,然后你会发现,一切自会改变。

自我肯定

请你默念以下这段话：

我每天都会重申我的承诺，那就是学会放下那些自我批评的想法。我会尽量避免那些负面的想法和欲望，用更多的爱和耐心来充实自己每天的生活。我相信，随着时间的推移，我能够慢慢从那些让我烦恼的事情中超脱。

15分钟练习
自我宽恕冥想

通过试图原谅自己,你已经表现出对自己关心的态度。你可以慢慢地、一点一点地放下你的痛苦、你的愤怒、你的羞耻和内疚的感觉。重要的是,你要朝着治愈和自我表达的方向迈出关键的一步,使你能够真正地再次喜欢自己。

1. 前往你的冥想空间,以舒适的姿势坐下或躺下。
2. 深呼吸几次,尽量慢一点,让自己感到舒适。吸气时,想象自己吸入了温暖和治愈的光;呼气时,让身体的每一块肌肉都放松下来,从头顶到脚底,慢慢地放松。
3. 闭上眼睛,想象自己在一个神奇的疗愈之地。环顾四周,然后一步一步地朝着一个温暖的泉水走去,你知道这泉水具有疗愈的功效。
4. 你可以看到一些你深爱和珍视的人已经坐在这疗愈的温泉中了。你可以听到、看到或感觉到这些人在邀请你过来。

5. 你走到他们身边，坐在那温暖、清新的泉水里，尽情享受与这些美妙的人亲近的时光。有些人是你现在才认识的，有些人是你过去的朋友，有些人你可能并不太熟悉，但你与他们之间都通过尊重、爱和信任紧密相连。

6. 把头靠在其中一个人的肩膀上，或者只是倚靠在某个人身边。这个人温柔地摇晃着你，仿佛你是一个需要保护的孩子，这种感觉真好。

所有这些亲爱的朋友和心爱的人都在温泉里劝慰你，

要以爱开始和结束每一天。你感到这种爱从他们身上散发出来，因为一切都已经被完全原谅，你不再需要为任何事情感到羞愧。

所有这些人都爱你本来的样子。当然，我们都有更多需要学习的地方，我们都可以从放弃那些伤害自己或他人的行为模式中受益。无论如何，你已经完全值得被爱，因为你是这个神奇宇宙的一部分。

在这温暖的泉水里，你也明白这一点，并享受着内心的平静。

7. 当你准备好了，并感到自己完全沐浴在爱和内心的平静中时，就起身离开，将你的意识带回你的身体。你的身体已经完全扎根在大地之中，回到你的冥想空间。

现在，你可以把这种平静带入你的日常生活，并且可以确信，所有尚未完成的事情都会变得更加容易。

5~10分钟练习

其实，也有好事

正如神经心理学家里克·汉森在他的讲座中提到的那样，负面的想法就像维克罗魔术贴一样，它们会牢牢地粘在我们的脑子里。而那些积极的想法，却像特氟龙涂层一样，容易从我们的记忆中滑过，不易留下痕迹。

在这个冥想练习中，我们要刻意关注生活中的美好，让它们在我们的心中占据更大的空间。我会提供一些思路来帮助你开始冥想，你也可以根据自己的生活经验，添加一些个人的想法，或者完全用你自己的感受来取代它们。

1. 像往常一样，首先让自己处于一个舒适的姿势——这次你甚至可以躺在看电视的沙发上——然后在脑海中观看一部美妙的电影。

2. 回忆一下你今天所经历的美好的或令人振奋的事物：你上班路上经过的那座桥上的彩虹；那个因为你停车让她过马路而向你友好挥手的老太太，尽管她不在斑马线上；当你到达办公室时，接待员对你亲切地问候；回家路上那份美味的冰淇淋；还有你在回家路上抬头看天空时感受到温柔的阳光洒在脸上……

3. 你只需要记住这一天，记住这个特殊的日子里所有美好、动人的事物。
4. 深入你的内心和灵魂，感受当你感到快乐和感激时那种美妙、幸福的感觉。感觉如何？你身体的哪个部位感觉最清晰？

5. 现在花点时间回想一下，尽可能地回想一下过去几天的情况。你能回想起在过去一周的每一天记住的至少两到三件积极的经历吗？
6. 你可能会注意到自己的呼吸已经变得平稳而深沉，你已经深深地陷入沙发或舒适的椅子里了，尽情享受吧！
7. 如果你还有时间（你可能根本不想停下来），那么请回想一下上个月甚至上一年发生的事情，让它们像快照一样在你面前闪过。请稍作暂停，看看那些令人愉快和振奋的记忆。尽量详细地回忆那些美好的时光。

也许你也会听到自己内心的声音，比如"谢谢""天哪，太棒了"，只要把自己沉浸在积极的情绪中就好了！

我建议你在完成这个练习后，立即在日记本上写一些笔记或画一些东西。

10～15分钟练习
瀑布之下

生活中,我们无法永久地抓住任何事物——这是我们在人生旅途中逐渐领悟的一课。万物都在不断变化。你能否开始学会放手,让自己随着生活的河流自然流动,接受它不断前进的节奏?

在佛教哲学中,这种态度被称为"不执着"。当我们真正理解并接受这一点时,生活会变得更加轻松。我们随时准备迎接新的启示和体验。

你会感到一种前所未有的轻松和动力。而且,你的内心也将不再被困扰,因为你已经学会了像魔法瀑布一样,让烦恼随流而逝。

如果愿意,你可以在锣声或钹声中结束此次冥想。

1. 花点时间,找一个舒适的姿势,站着、坐着、躺着都可以。如果你有准备好的锣、唱钵或钹,现在就轻敲它。
2. 想象自己漫步在森林中或草地上,你迈着悠然的脚步,来到一处瀑布前。

3. 这是一个神奇的瀑布。你站在瀑布下,让细小的水珠轻柔地洒在你的身上,感受它们的清凉和活力。这水似乎拥有净化的力量,它不仅带给你快乐,还帮你洗去所有的悲伤、恐惧、疲惫和其他消极感受,一种深深的感激之情油然而生。
4. 现在,双手捧起一些水喝。感受那清凉的水流带来的清新和活力,仿佛在给你的身体注入新的能量。
5. 再次捧起双手,让瀑布的水继续流入你的手中。水在你的手中聚集、溢出,然后又被新的水流不断补充。每一滴水都来了又走。虽然有些水总是留在你的手中,但你知道它和几秒钟前接触你的水不一样,水在不断更新。

与世界及众生和谐相处

我们无法通过对抗来改变任何事情。冥想能帮助我们接受事物的本来面貌，然后一切都会自己改变。

自我肯定

请你默念以下这段话：

愿我与一切众生都平安无恙，愿我们都能和平相处，并在力所能及的范围内相互尊重与支持。

15～20分钟练习
为"我和你"呼吸

在这个练习中,你会建立一种给予与获取的模式——通过呼吸来美妙地交换令人振奋的能量。

1. 坐在你的冥想位置上,让自己感到舒适。放松颈部和面部肌肉,轻轻闭上眼睛,现在开始平静而有规律地呼吸。你会感受到深呼吸是如何为你的身体提供氧气和能量的。你的呼吸从内部温柔地触碰你,滋养你。当你呼气时,尽你最大的努力释放所有紧张的情绪。

2. 现在请放松呼吸,让它自然地流动,让每一口呼吸都成为一个独立的单位。一次吸气,一次呼气,不要把它们拉得太长或拖得太久。简单地信任你的身体。毕竟,它有能力独自完成呼吸,即使在晚上你睡觉的时候也是如此。感受你内心逐渐平静的感觉和令人舒适的温暖。

3. 如果你想更深入地体验这种温暖和平静的感觉，可以将一只手或两只手放在胸口，以示对自己深深的同情和关爱。

思考一下这种充满关怀的呼吸是如何滋养你身体的每一个细胞并让你保持活力的，这也可能会对你有所帮助。有些人会在呼吸时想象银色或金色的光芒带来平静和解脱；有些人则会在脑海中听到诸如"和平""爱""温柔""善良"之类的词语。

无论什么方法，只要能帮助你在此时此刻更加放松，并在整个冥想过程中放下所有烦恼——就用它吧。

4. 现在，我邀请你想象一个对你来说很重要的人，一个你希望向他（她）传递爱、善良和内心平和的人（也包括你自己）。你想把宇宙的这些礼物送给谁？现在想象一下这个人，或者仅仅在你的脑海中看到他（她）的名字。

5. 现在请专注于你的呼气，感受你充满空气的肺部和胸腔慢慢地排空，试着想象将这份充满爱与善良的气息传递给这个人。你也可以想象这股气息以银色或金色能量的形式被这个人吸收。

现在你越来越与呼吸的节奏融为一体，你知道爱与善良在你们之间不断流动。

10～15分钟练习
一位明智朋友的来访

我想告诉你关于阿斯特里德的故事。她是我非常亲密的朋友,我可以和她谈论任何事情。19岁时,她向我介绍了冥想,并告诉我苏格兰的芬德霍恩是一个可爱的静修中心。这一切对我来说都是陌生的,因为我的家庭对这些事情并不感兴趣。阿斯特里德比我年长很多,她和我母亲同龄。但在我的精神救赎之路上,她一直是我最亲密的知己。

在我做这个冥想练习时,她经常出现在我面前。在你的生活中,也许也有这样一位对你影响深远的人,他可能仍然在世,可能已经离开了我们。这个人可能是《指环王》里那位智慧善良的巫师甘道夫,也可能是一位精神领袖,或者是任何一位带给你灵感和力量的人。他甚至可能是一位精神向导,以一种只有你能感受到的方式存在。在这种冥想中,你可以让自己的心灵再次与这位特别的人相遇。

前往你的冥想场所，或者到大自然中去（如果你正好外出，也可以想象一个宁静的地方），坐下或躺下，让自己感到舒适，然后深呼吸几次以放松身心。

1. 现在请闭上眼睛聆听。
2. 不久之后，你就会听到轻柔的脚步声，很快你就能辨认出一个你熟悉的身影，一个你爱的或敬佩的人。对于我来说，这个人总是阿斯特里德，对于你来说，这个人是谁呢？

3. 这个人要告诉你一些对你的生活有重要影响的事情，请仔细聆听。

4. 接下来，这个人会给你一个想象中的礼物，对你来说意义重大，请怀着感激之心接纳它。它可能有直接的用处，或者可以作为象征性的幸运符。

5. 在这次相遇之后，向你的精神向导道别，同时你知道你可以在任何感到不确定或需要建议的时候寻求他的帮助。

你现在感觉如何？放松、充满活力、满足，甚至快乐吗？把你在冥想过程中所经历的一切都写在冥想日记里。

生命的探险：创造力与专注力

人们常说，我们创造了自己的世界。的确，我们所想、所感和所做的一切决定了我们是谁，也决定了我们的人生道路将通向何方。

自我肯定

请你默念以下这段话:

我接受建设性的批评并予以回应,我减少自我批评,我随身携带我认为有价值的洞见,我尽力自然而和谐地面对所有这些方面。

曼陀罗冥想

有一种特殊的冥想形式我们还没有讨论过：曼陀罗冥想。曼陀罗类似于格言，很像肯定句，但与格言不同的是，它们不是表达某种特定意图的，它们基于精神力量而非智力推理。

通过反复念诵曼陀罗，我们可以培养内心的力量和喜悦，特别是当我们用梵语、巴利语或藏语（也就是我们大多数人不熟悉的语言）念诵曼陀罗时，我们相信，即使我们无法逐字理解，那些经过长年累月数十亿次诵读的经文也能对我们有所帮助。

念诵曼陀罗有助于我们集中注意力。我有一个非常好用的曼陀罗，特别是在旅行或面对困难情况时，我会使用它。我相信它能保护我，驱散负面能量。我在乘坐汽车、火车或飞机时都会念诵曼陀罗。和别人在一起时，我会默念给自己听，独自一人时我可能会大声念诵。我总是把曼陀罗重复三次，最后以"唵，和平，和平，和平"结束，它的大致意思是"愿宇宙得到净化"。

我的老师乌苏拉·莱昂将曼陀罗描述为力量的源泉，认为这些"神圣音节"可以保护我们。我们越珍视曼陀罗，它就越能彻底地保护我们。

5分钟练习
唵曼陀罗唱诵

曼陀罗神奇地将我们与宇宙和所有生灵联系在一起。它们能使我们的灵魂或更高层次的自我（你可以称之为你的本质，即你与他人不同之处）得到平静和滋养。

如果你觉得整个曼陀罗太难记，你可以从只念诵"唵"（Om）这个音节开始练习。实际上，它听起来更像"AUM"。

1. 选择一个舒适的姿势，如果你很灵活的话，可以盘腿坐在地上，或者背靠墙壁坐在垫子上。与地面的接触会让你感到脚踏实地、稳固有力。
2. 找到适合自己的音调，不要太高也不要太低，然后开始唱诵："啊啊啊啊"。
3. 我重复了大约12~15次，当你刚开始的时候，可能会更少。

4. 重复这个简单的声音，直到你感到平静和稳固。

5. 有趣的是，至少在我所知的语言系统中，婴儿在开始学说话时发出的原始声音是相同的。大多数年轻人都是从学习说"妈""妈妈"等开始的。

6. 重复任何一个元音（a、e、i、o、u）都是非常有益的练习，它有助于恢复我们的平衡。

7. 用你自然的音调尝试5分钟，可以轻声或大声地重复，一遍又一遍……你会发现它有助于缓解恐惧和焦虑。

5～10分钟练习
树冥想

在这个练习里,我们重新与大自然建立起联结。曾经有一段时间,我们人类的生活完全是大自然的一部分,因此大自然依然能够引导我们回归最本真的自我。我们感受到与天空和大地融为一体。随着时间的流逝,这种联结能让我们感觉与地球母亲的关系变得更加深刻,激发我们更有动力为自身和他人的幸福而努力。当然,意识到自己是这个浩瀚宇宙的一部分,对我们的心灵也有益处。

1. 去公园或树林里找到一棵"你的"树,比如我家附近有一棵古老的橡树。站在这棵树前面,轻轻地触摸它的树皮,问问自己它在那里已经多久了,这些年来它都见证了什么。我的树一定有几百年的历史了。

2. 现在靠着树站着或坐着,用一只手或两只手触摸它。我们紧挨着这棵树,它的根就在我们正下方。你能感受到树中脉动的生命力吗?也许可以,但如果感受不到也没关系。

3. 现在深吸一口气，让你的呼吸一路向下进入你的脚，然后更深地进入地球。想象树根吸收你呼吸中的能量，这样能量就流入了整棵树。

这棵树将新鲜的能量送上天空，然后以空气或雨水的形式回到你身边，随着每次呼吸进入你的体内。

这种生命的循环不断重复，享受你与自然的联结和呼吸的纯净，直到你觉得你已经汲取了足够的能量。

10分钟练习
舞蹈冥想

大约15年前,我在特内里费岛与佩特拉·克莱恩参加了为期一周的课程。在那里我受到了启发,开始练习舞蹈冥想。通过这个课程,我学会了如何更好地了解自己,并让身体和心灵达到和谐。

任何人都会跳舞——我这里说的是自由舞蹈,就是你经常看到小孩子跳的那种舞蹈。我们在这些时刻所体验的一切,会以某种方式贯穿到我们所谓的"严肃"生活中:轻松愉快的心情、投入的情感、幸福的感觉、一种流畅的感觉。西格蒙德·弗洛伊德本人曾说过,我们每天都需要退行(像个孩子那样)来保持心理平衡。这种冥想形式还可以帮助我们将潜意识需求或心理创伤带到表面,从而治愈自己。

1. 选择一首舒缓、宁静的音乐。站在房间中央（独自一人、不受打扰），随着轻柔的节奏左右摇摆，就像微风中的树叶。用你的整个身体舞蹈：躯干、双腿、双臂、肩膀、背部、臀部、骨盆、胸部、颈部、头部。让音乐推动着你，感受自己的存在，感觉自己很重要、很重要，你是这个奇妙世界的一部分。

2. 现在选择一首更有活力的音乐，比如带有鼓、钹、木琴或其他打击乐器声音的音乐。我喜欢使用巴厘岛、非洲或南美的音乐。这一次你可以让自己更放松。你可以做更狂野的动作，比如跳到空中、摇晃身体、加快舞步、拍手或跟着唱。从灵魂深处，你可以也必须完全自由地表达自己，一直跳到你感到解脱和精神焕发为止。

之后，你可以放一些舒缓的音乐，比如桑塔纳的电子吉他演奏，或者放松的小提琴音乐，来创造一种暴风雨后的平静。你可以温柔地拥抱自己，或者只是坐着或躺着，让音乐和节奏拥抱自己。

通过这种冥想，我们可以放下所有的羞涩和拘束。我们能够感受到内心深处那个纯真无邪的孩子，他（她）自由地表达自己的情感，不受外界评价的束缚。这样的冥想有助于我们学会自我接纳，增强自信。同时，它也能激发我们内在的能量和创造力。

10～20分钟练习
创造性冥想

这个冥想练习对于描绘和创造一个有价值的未来特别有用。找一个安静平和的空间，让自己沉浸在音乐之中。我建议你不要使用耳机，让音乐自然地在房间里流淌。你不需要专业的音响设备，只要有一些轻柔的音乐在背景中播放就可以了。无论是莫扎特的古典旋律，巴赫的和谐乐章，还是大自然的声音节奏，任何能让你内心感到平静同时保持清醒状态的音乐都是不错的选择。

这一次，你也可以为自己泡一杯香草茶，或者吃一些巧克力，任何能够让你心情愉悦的东西都可以。房间里应该有一张大桌子，或者有一块没有家具的空地，在那里你可以铺开一大张纸，你还要拿出一些彩色笔。如果你有一只心爱的宠物，它可以安静地坐一会儿，并且愿意被你抚摸，那就邀请它和你一起进入这个创造的空间。

1. 现在，你可以开始有趣的探索之旅了。首先听听音乐，坐下来让自己感到舒适，把纸张放在面前。笔就放在纸张旁边，闭上眼睛，吸气，呼气……

2. 问自己以下几个问题：在我的生命中，接下来真正想做的是什么？我真正想要的是什么？我真正需要的是什么？我最衷心的愿望是什么？

3. 听着音乐，拿起一支你喜欢的颜色的笔。每当你想到一个词或短语时，就把它写下来。（当然，你也可以睁开眼睛来写）。不管这些想法是否有意义，不管它们之间是否有任何联系，都把它们写下来。偶尔换换笔的颜色。呼吸，聆听，深入内心，不要抱有任何特定的期望。沉浸在创造的能量之河中，寻找你的宝藏——无论是寻找一份新工作、结识有趣的人还是开始一项新爱好。

4. 保持这种充满活力的状态10~20分钟。当你觉得今天已经足够了时，就结束这种创造性的冥想。请不要立即阅读所有内容，或者试图把它们拼凑成一个故事或决定。

在一周的时间里重复这个练习3~7次。一旦你在纸上写了很多东西，就通读一下你潜意识中涌现出的想法。有时在安静中进行，有时在背景音乐的陪伴下进行。你很可能会发现这些文字和想法开始有意义，并能为你提供指导。你会在其中看到一个路标或一个新目标。在这个阶段，并不是每件事都必须有逻辑或最终确定，但至少可以看到一个路标。

结　　尾

这本小书到此结束。

我已经向你介绍了一系列冥想形式：自我肯定、观想、动态冥想和曼陀罗冥想。

我非常希望，你初步浏览之后就能找到一些想尝试的东西。给自己一个亲切的小鼓励，然后尝试一下。你甚至可以从那些看起来特别不寻常或奇怪的练习开始。不去试一下，你永远不知道第一印象之外还有什么。

最后，我想向大家介绍我从我的老师乌尔苏拉·里昂那里学到的冥想练习。她充满热情地向我介绍了这个方法，它简单却拥有不可小觑的力量。

这个冥想练习能够帮助你找到内心的宁静和心灵的安宁。乌尔苏拉说，只有当你与自己的身体保持紧密联结时，你才能真正感受到自己的存在。

这个练习最初来自缅甸，它能够帮你建立起与自己身体的深刻联结。

8点冥想练习

在我们的脑海中，反复触摸自己身体的8个部位。8是一个简单的数字，不大不小，它正好可以阻止大脑思考问题和待办事项清单。这个重复的序列有助于平息躁动的思绪，最终使大脑达到平静的状态。这是一个随时随地都可以做的冥想练习。

1. 坐在你的冥想位置上，选择一个你可以舒适地保持15～30分钟的姿势。

2. 首先，在你的脑海中对自己说："我安然端坐，谦卑自持。"

3. 从右脚开始，默默地重复这些话："这是我的右脚，我能感觉到它或者知道它在那里。"

4. 然后把注意力转向右膝，注意、感受或觉察它的存在。

5. 然后将注意力转移到右侧臀部，注意、感受并知道它在那里。

6. 现在把你的意识转移到你的左脚上，注意、感受并知道它在那里。

7. 接下来是左膝，注意、感受并知道它就在那里。
8. 现在来感受一下左侧臀部，注意、感受并知道它就在那里。
9. 现在移动到右手，你注意到、感觉到并知道它正放在你的膝盖上。
10. 接下来是左手，注意、感受并知道它就在那里。以上是8个步骤。最后，将你的注意力转移到尾骨上。非常平静地呼吸，同时将注意力从尾骶骨沿脊椎一路向上带至颈部。深呼一口气，然后将注意力从颈部向下带回到尾骶骨。

你可以随心所欲地重复整个序列。

8点冥想分解

- 右脚
- 右膝
- 右侧臀部
- 左脚
- 左膝
- 左侧臀部
- 右手
- 左手
- 吸气：从尾椎到颈部
- 呼气：从颈部到尾椎

练习结束后，你会感到更加专注和充满活力，同时也感觉平静和放松。这是当你想要有创造力并且不想让自己思绪游离时理想的初始练习。它还能帮助你更清楚地了解自己在精神或情感上想要努力的方向。

冥想创造和谐

通过交替地集中注意力和放松，我们可以逐渐解决内部和外部的冲突，慢慢恢复平衡。冥想帮助我们感知生活中的小奇迹——看见它们、感受它们，甚至听它们。在这段旅程中，你开始拥抱真实的生活，只有这样，你才能真正感受到自己是其中的一部分，欣赏和珍惜它，并渴望保护它。

愿你感到安全和被爱，愿你能以深深的谦卑和感激之情体验和接受生命中的喜悦和冒险。